·线、面、角·

给圣诞老人送礼物

〔韩〕车宝金 / 著 〔韩〕吴珍旭 / 绘 张晓阳 / 译

云南出版集团 晨光出版社

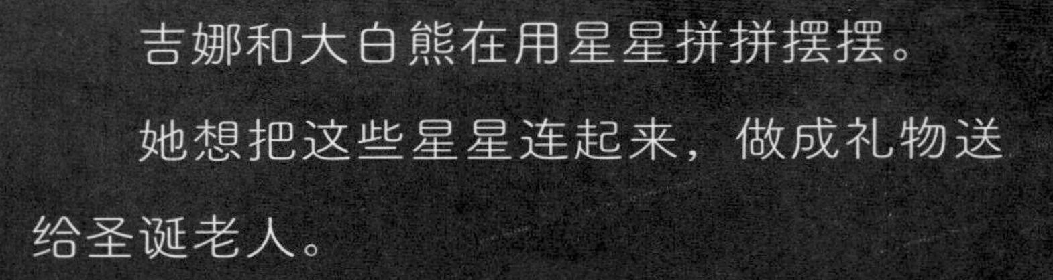

吉娜和大白熊在用星星拼拼摆摆。

她想把这些星星连起来，做成礼物送给圣诞老人。

你知道她制作的礼物是什么吗？

原来每颗一闪一闪的星星都代表一个点啊！
两颗星星连在一起，就成了一条线。

这些线又构成了
什么图案呢？

今天是12月24日平安夜，明天就是圣诞节了。吉娜一想到圣诞老人要来给自己送礼物，就激动得睡不着：如果我就这样一直守在这里，是不是就能看到圣诞老人了？

吉娜看着窗外，无数的星星在夜空中闪闪发亮。

等啊，等啊，她无比期待圣诞老人的出现……

可是吉娜等了好久，都没有看见圣诞老人。反倒是一颗格外明亮的星星，引起了她的注意。

那颗星星发出的光芒无比耀眼，让周围的星星都显得黯然失色。

吉娜盯着它说：“好奇怪啊……你是在看着我吗？”突然，那颗星星和周围的星星一起摇晃起来，朝吉娜这边飞来。

没想到，那几颗星星竟然飞进了吉娜的房间。

更令人惊奇的是，它们变成了一只大白熊！

吉娜惊呆了，她仔细一看，发现刚才那颗格外明亮的星星，正挂在大白熊的尾巴上呢！

“原来刚才一直盯着我尾巴看的人就是你啊！”

大白熊摇摇晃晃地朝吉娜走去，尾巴上的星星像铃铛一样发出清脆的响声。突然，星星掉了下来。

“我……我只是在等圣诞老人……”吉娜一边回答大白熊的问题，一边跳了起来，试图抓住那颗掉下来的星星。

大白熊捡起星星递给吉娜，“想不想和我一起玩星星？”

“玩星星？”

大白熊站在那里，开始摇晃圆滚滚的身子，身上的星星全都被抖落了下来。

这些星星就像一只只发着光的萤火虫，在房间飘浮着。

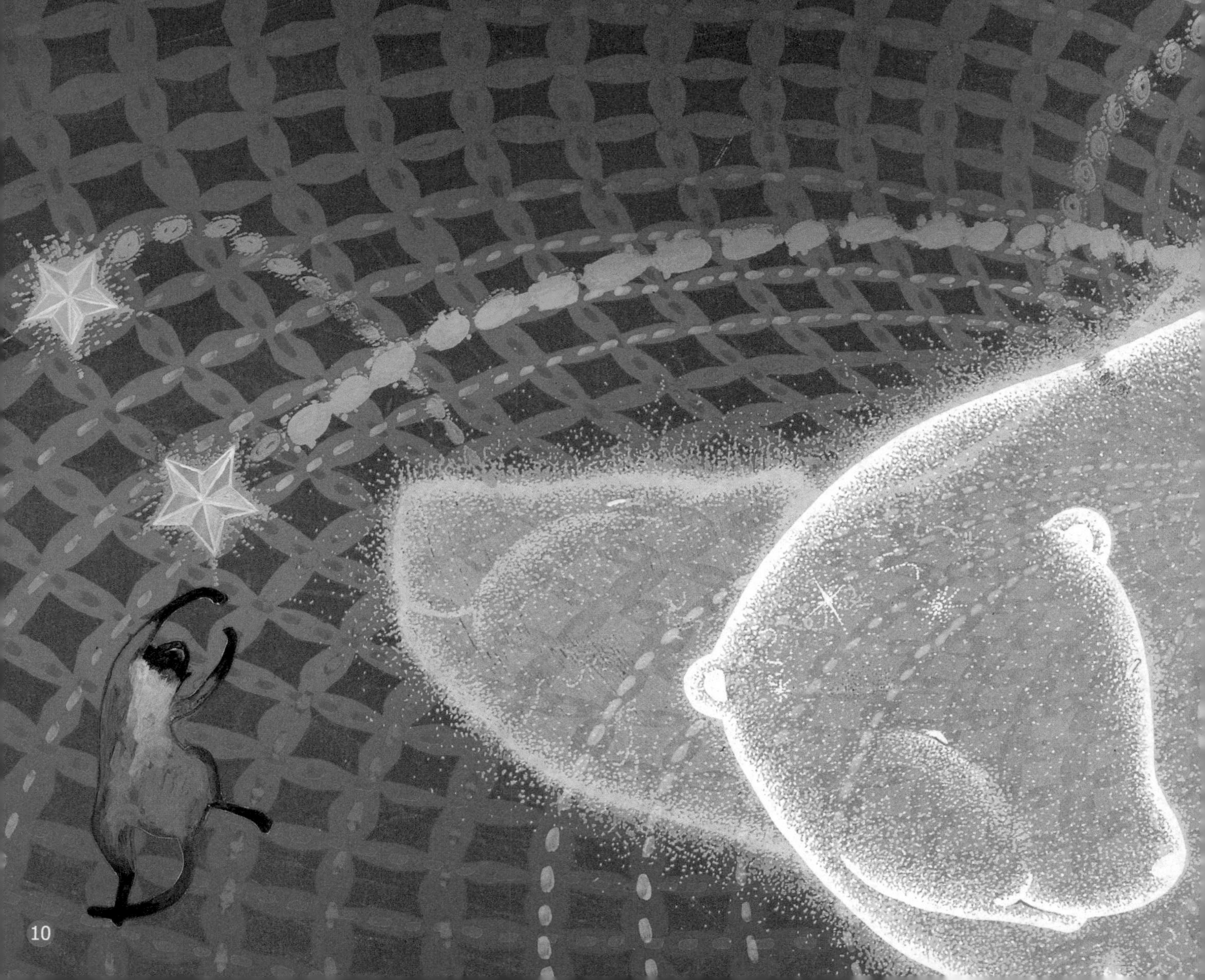

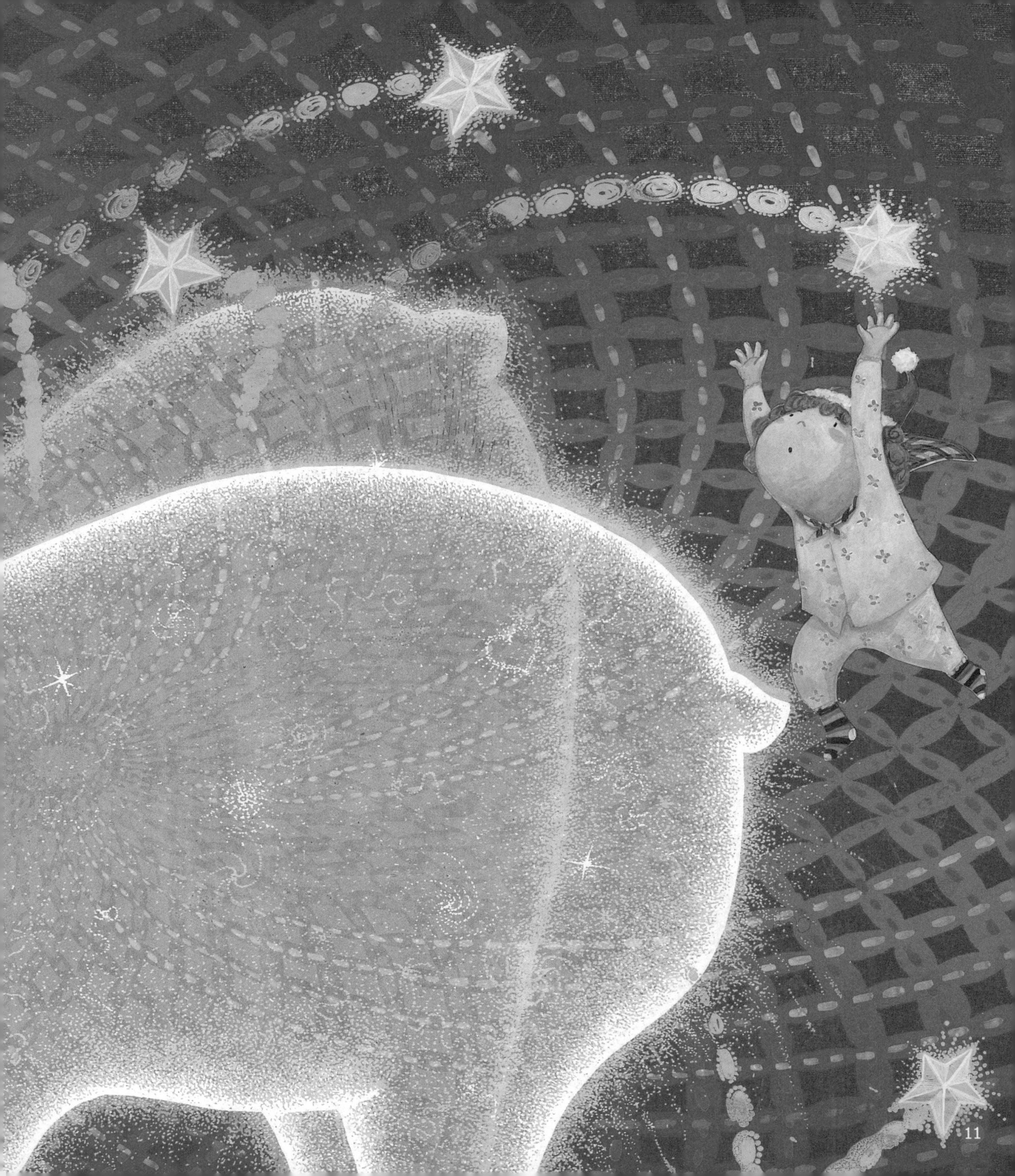

吉娜摘下几颗星星，把它们摆成一字形。

大白熊看到后，稍稍拉开了每颗星星之间的距离。

“这样一来，就是一条长长的直线。”大白熊用手指轻轻划了划，星星就变成了一条长直线。

哇，吉娜大开眼界！

“还可以变成柔和的曲线。”大白熊来回拨动着直线上的星星。

星星真的变成了一条美丽的曲线。

“我也想试试！”

吉娜学着大白熊的样子，一会儿将星星排成一条直线，一会儿又排成一条曲线。

“还有更好玩儿的呢！”

大白熊说着，将几颗星星隔得更远一些，一挥手，星星就组成了一个平面，再一抖，又变成了一床被子。

用星星做成的被子，软软的，亮晶晶的，飘浮在半空。

“太漂亮了！”

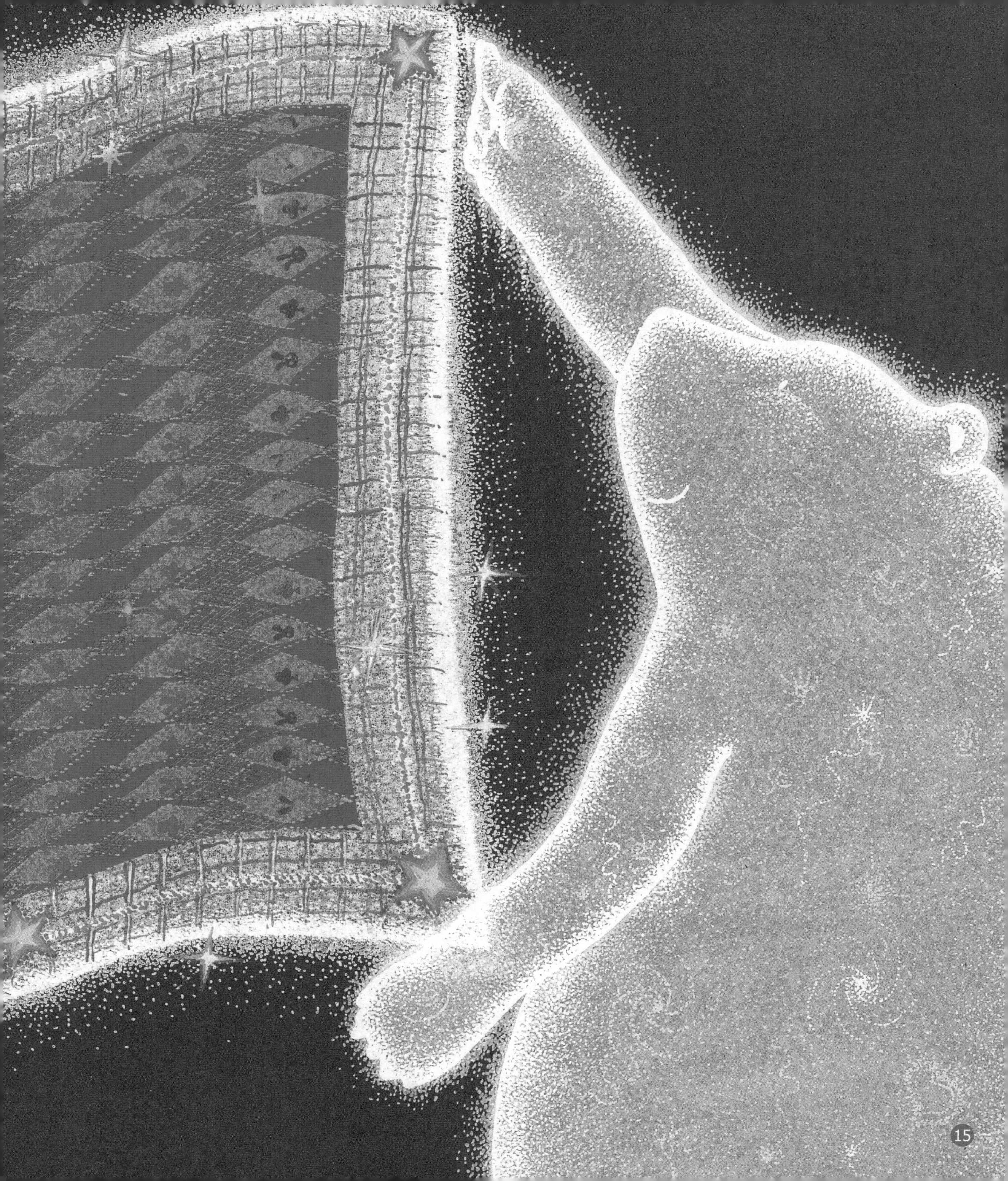

这时，吉娜突然想起了圣诞老人。

“大白熊，我们给圣诞老人做个礼物怎么样？”

“给圣诞老人的礼物？”大白熊有些吃惊。

“对，我想做一棵漂亮的圣诞树，或者一架雪橇……”

“可以倒是可以……不过，现在这些星星可不够用啊！”

大白熊认真地想了想，笑着对吉娜说：“不如，我们先飞上天空去摘星星吧！”

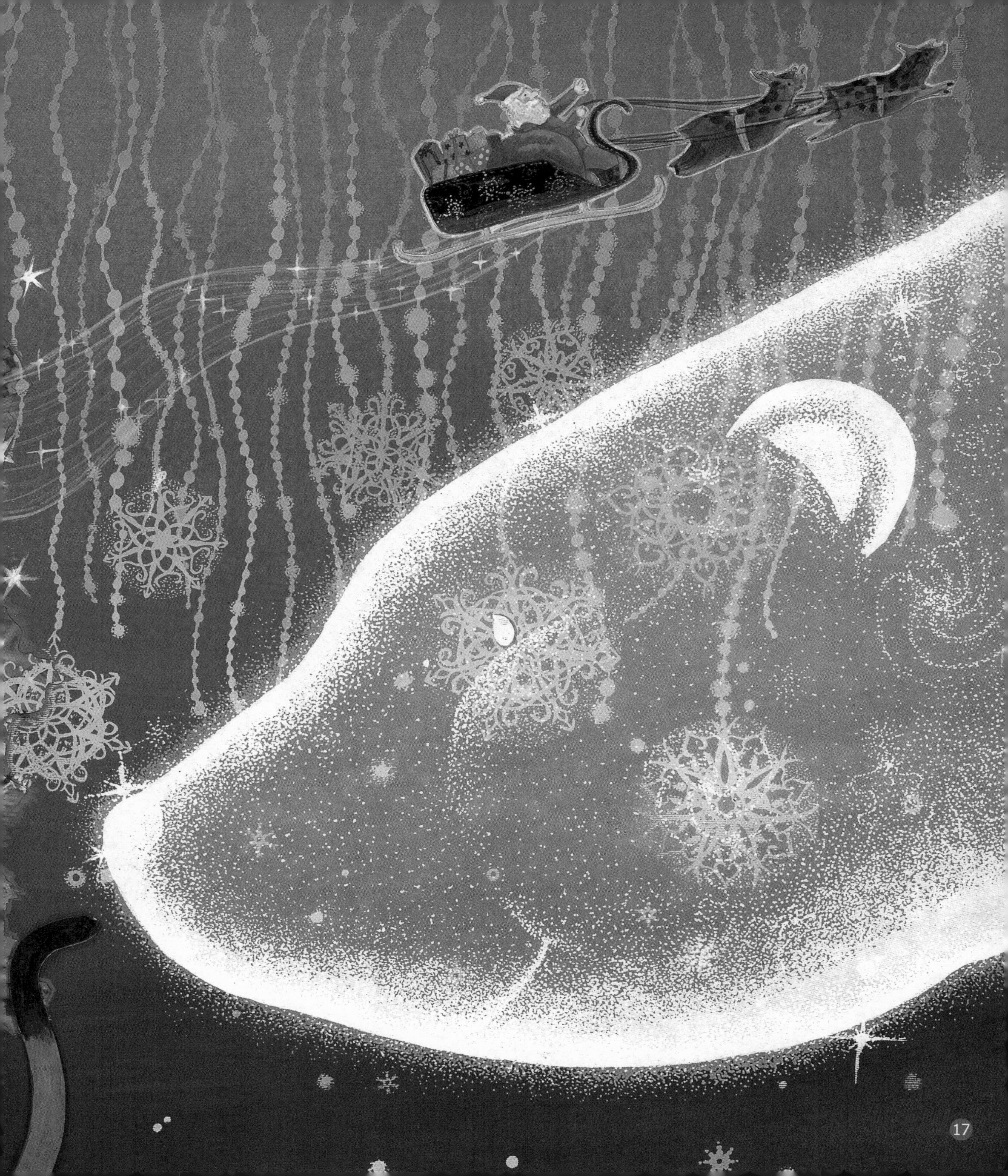

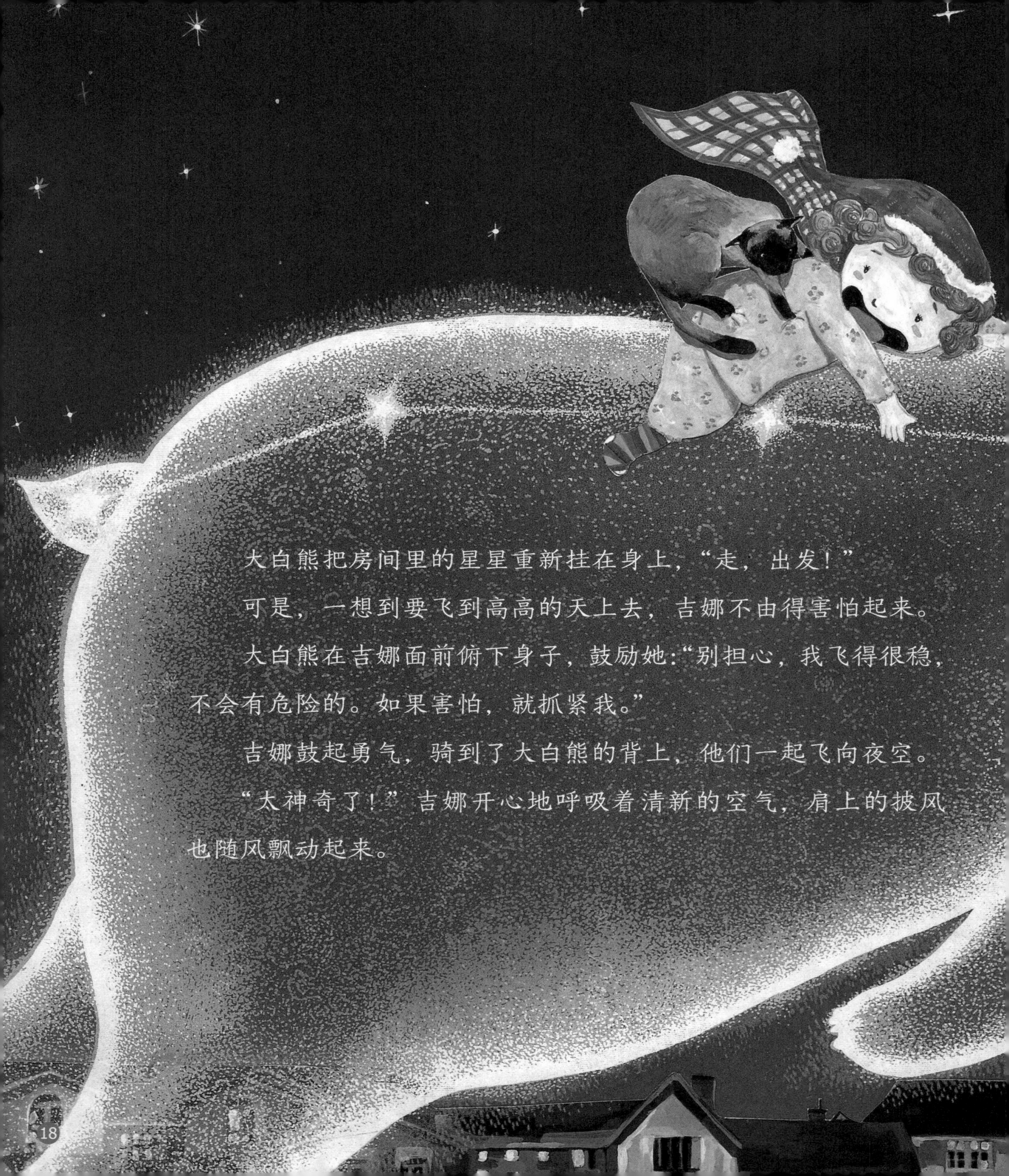

大白熊把房间里的星星重新挂在身上，“走，出发！”

可是，一想到要飞到高高的天上去，吉娜不由得害怕起来。

大白熊在吉娜面前俯下身子，鼓励她：“别担心，我飞得很稳，不会有危险的。如果害怕，就抓紧我。”

吉娜鼓起勇气，骑到了大白熊的背上，他们一起飞向夜空。

“太神奇了！”吉娜开心地呼吸着清新的空气，肩上的披风也随风飘动起来。

顺利抵达夜空后，吉娜和大白熊开始摘星星。

他们将星星按照适当的距离摆放好，成功地拼出了一棵圣诞树。

但是吉娜却不太满意。“这棵圣诞树太瘦了，能不能让它更茂盛一些呢？”吉娜问道。

大白熊一边挪动着星星，一边说："我来把树冠的角度调大一点儿，再拉开些间距。好了，你看怎么样？"

"没错，就是这样！"

吉娜把大白熊调整好的星星重新连接起来。

这下，树冠变大了，圣诞树变得更加茂盛，一棵漂亮的圣诞树完成了。

接下来，吉娜和大白熊开始做雪橇。

先将点连成线，再将线连成面。就这样，不一会儿，他们就做好了一架漂亮的雪橇。

吉娜还做了闪闪发光的蛋糕和毛线帽。

突然，吉娜灵机一动，又收集了一些星星，将它们小心翼翼地连起来。

“咦，这是给谁做的？”大白熊看着吉娜做好的连衣裙问道。

“嘻嘻，这是秘密！”吉娜害羞地笑了，凑近大白熊的耳朵嘀咕了几句。

这时，一只小白兔出现在夜空中，后面还跟着一只螃蟹。一头公牛也慢悠悠地走了过来。

“这是我的星星！”公牛指着圣诞树顶上的星星说。

“蛋糕上那颗星星是我的！”

“都怪你们，把我们的星星弄得乱七八糟！”

小白兔和螃蟹也提出了抗议。他们对吉娜和大白熊随意挪动星星的行为表示十分生气。

“对不起，对不起。我们不是故意弄乱的，这就把星星还给你们。”

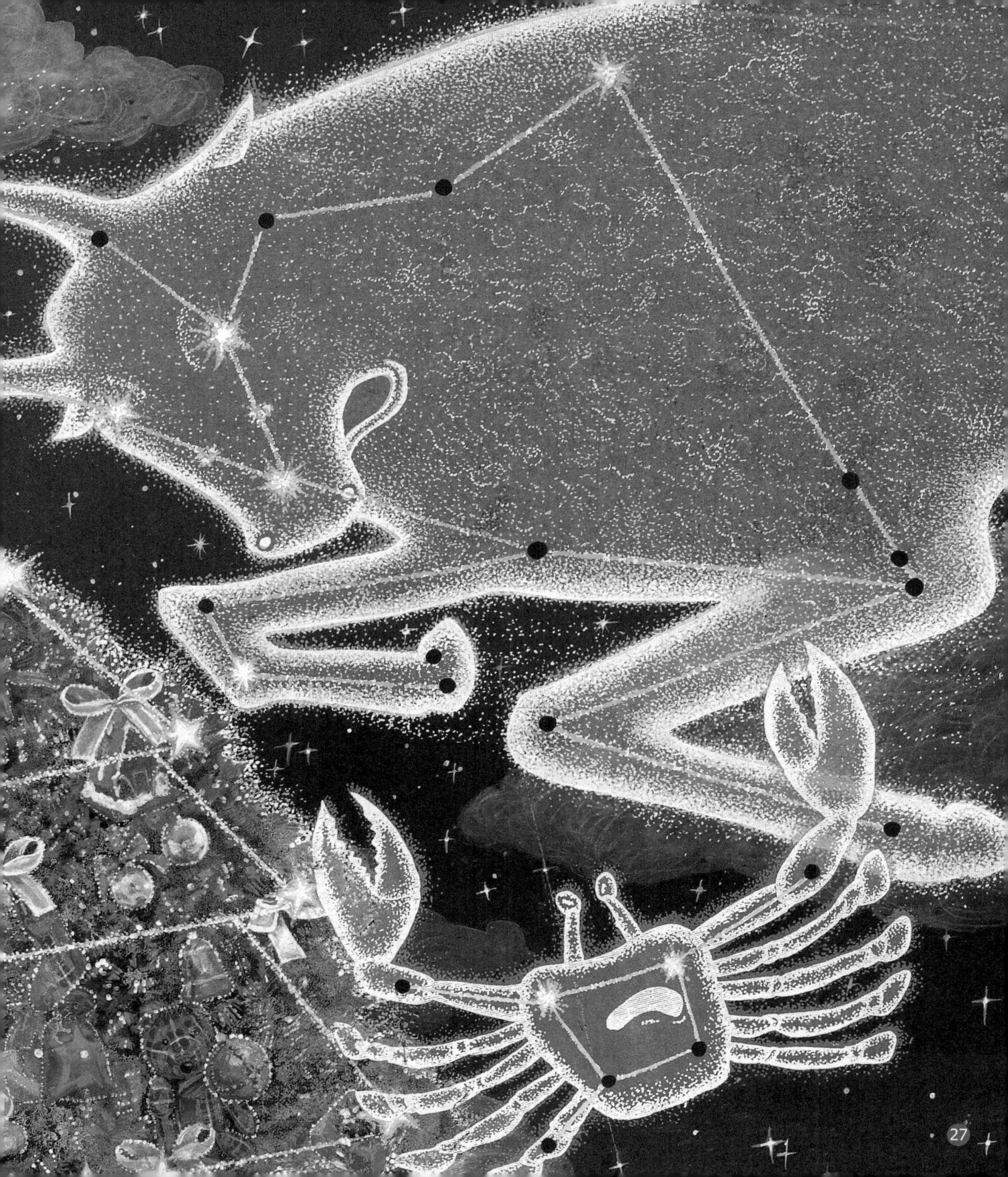

把星星摆回原来的位置后，吉娜觉得又困又累。

“啊……好困啊。”吉娜打了个大呵欠，轻轻地靠在大白熊的背上，“大白熊，圣诞老人到底什么时候才来？”

大白熊轻声答道：“你不知道吗？圣诞老人要等到你睡着了之后才会来呢。”

吉娜太困了，慢慢地闭上了眼睛。

“我这就送你回家！”

大白熊穿过繁星点点的夜空，把吉娜送回了家。

第二天一早，天刚蒙蒙亮，吉娜就醒了。她一睁眼，就看到了放在床头的礼物盒。

“天啊！这不就是我想要的那条连衣裙吗？”吉娜兴奋地喊道。盒子里装着的，正是她昨晚用星星做的那条连衣裙。

吉娜想起了昨晚大白熊的话，心里美滋滋的：“原来我睡着后，圣诞老人真的来了！谢谢你，圣诞老人！谢谢你，大白熊！”

让我们跟吉娜一起回顾一下前面的故事吧！

怎么样，我和大白熊用星星做的圣诞树是不是很漂亮？我们俩一起用星星做了很多东西。先把星星连成线，再把这些线连起来，组成面。另外，拉大圣诞树树冠的角度，可以使瘦小的圣诞树一下子变得茂盛起来。我们由此可以知道，线、面和角是一个图形最基本的组成部分。

接下来，让我们来具体地了解一下线、面和角吧！

数学面对面

数学概念 认识线、面、角

线、面和角是组成图形的基本要素。连接两个点能确定一条线，连接几条线可以确定一个面。下面，我们在游乐园里找一找线、面和角的例子吧。

生活中线、面和角的例子有很多。像游乐园里的秋千绳那样，直线上有两个端点的叫作“线段”。如果我们把一个点记作 A，把另一个点记作 B，这时连接点 A 和点 B 的这条线段就叫作“线段 AB”。

如果将线段的两端无限延伸，我们会得到一条直线。经过点 A 和点 B 的直线叫作“直线 AB”。

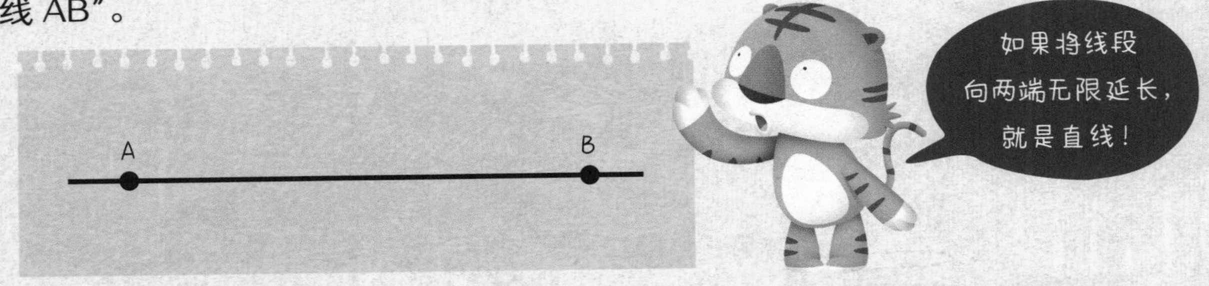

由这些线移动形成的图形叫作“面”。在下面由线段组合而成的两个图形中，像“图 1”中的线段 BC、“图 2”中的线段 AD 是下面图形中的“对角线”。

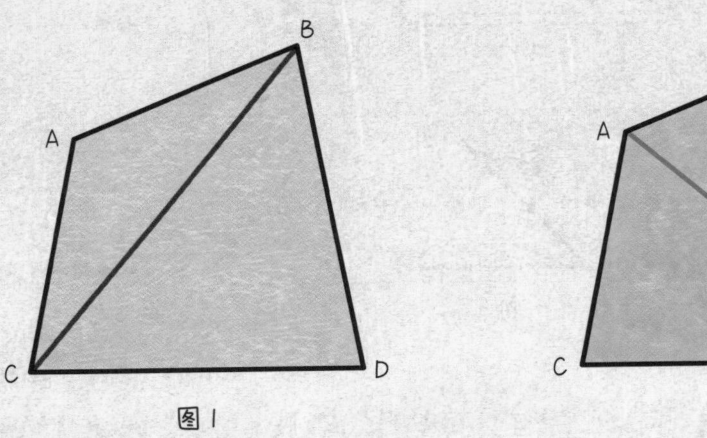

图 1　　　　图 2

接下来，我们再来认识一下“角”。如下图所示，从一个点向不同方向画两条射线，这两条射线组成的图形就叫作“角”。

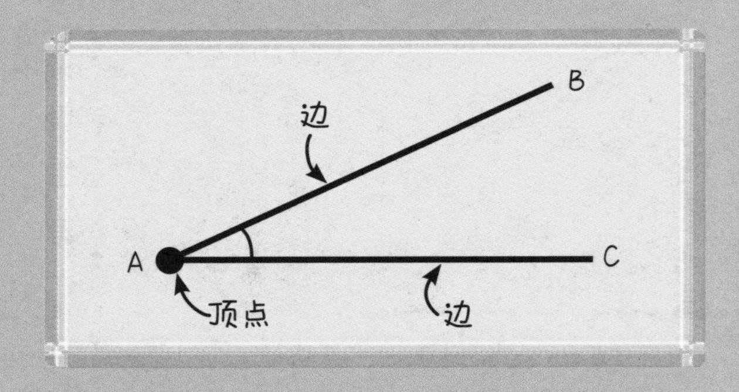

左图中，点 A 叫作“顶点”，射线 AB 和射线 AC 叫作“边”。由这两条射线组成的角是∠ BAC 或∠ CAB，叫作“角 BAC”或“角 CAB”。

根据角度的大小，角可以分为直角、锐角和钝角。例如，大多数书本 4 个角的度数都是 90°，这种角叫作**“直角”**；小于 90° 的角叫作**“锐角”**；大于 90° 且小于 180° 的角叫作**“钝角”**。

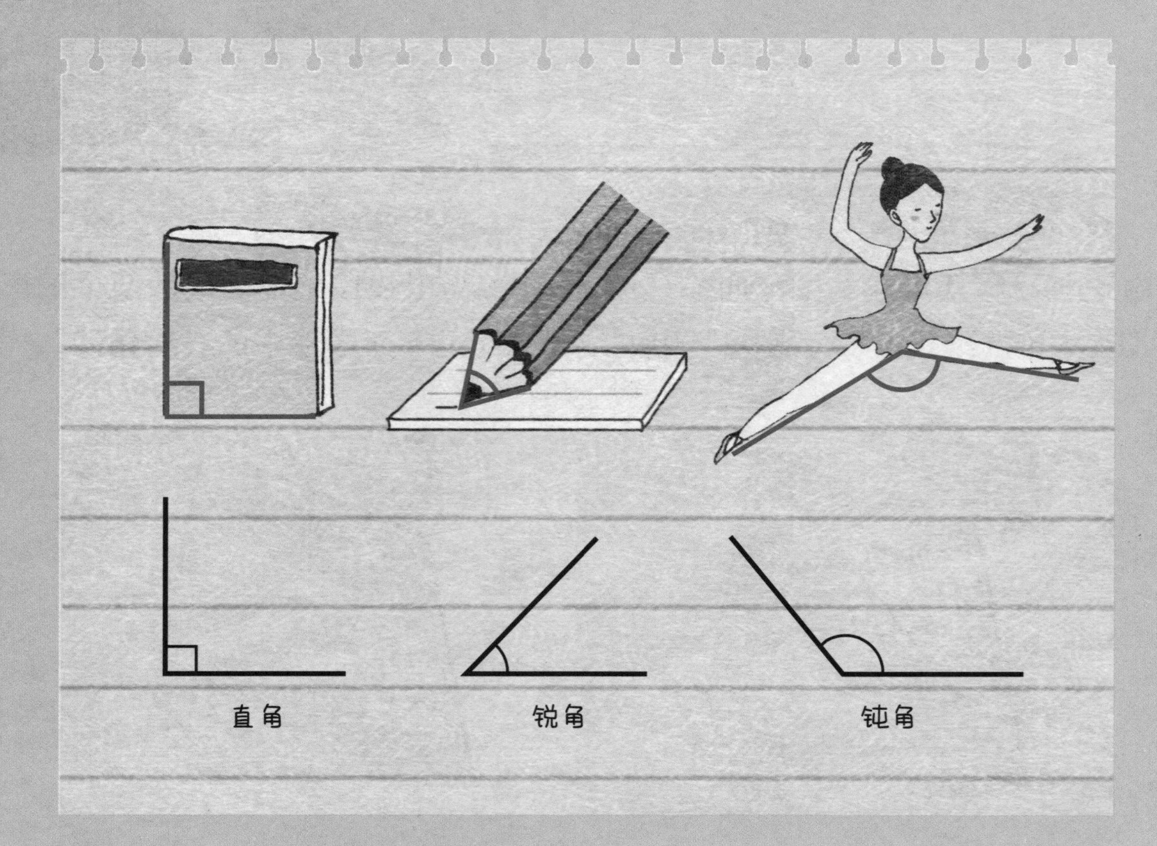

我们可以用量角器测量角的大小。首先，把量角器的中心点对准角的顶点，再把量角器的0°刻度线与角的一条边重合，然后看看角的另一条边对应的刻度，就可以知道这个角的度数了。

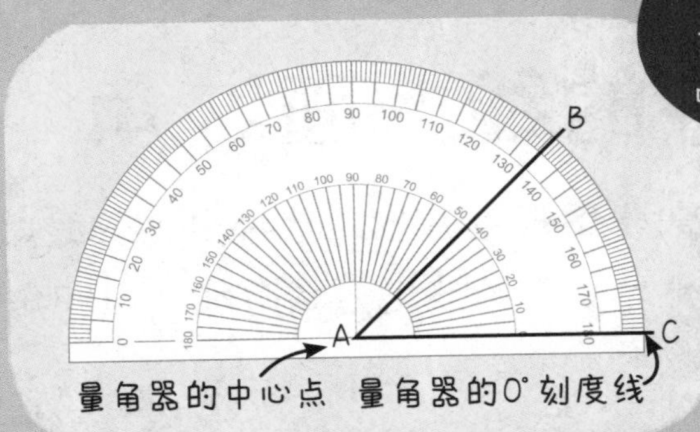

量角度时，一定要记得对齐量角器的中心点和0°刻度线！

通过测量，右边的角是45°。

直线和直角之间存在着非常有趣的关系。当两条直线相交形成的角是直角时，我们说这两条直线的关系是**“互相垂直”**。如果我们在同一条直线上，画出两条与它垂直的直线会怎么样呢？答案是，画出的那两条直线无论多长，永远也不会相交。这种永不相交的两条直线叫作**“平行线”**。

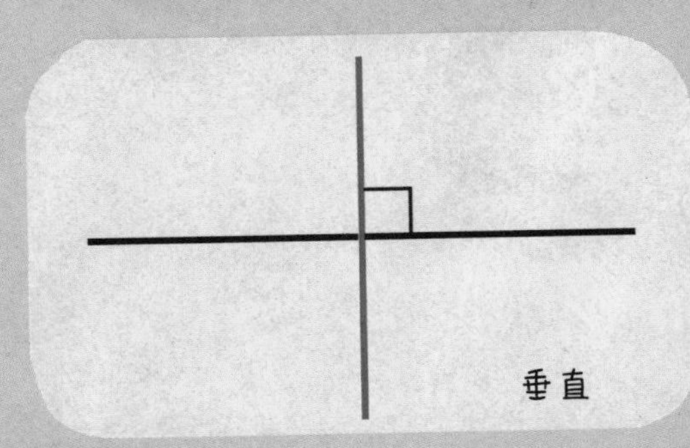

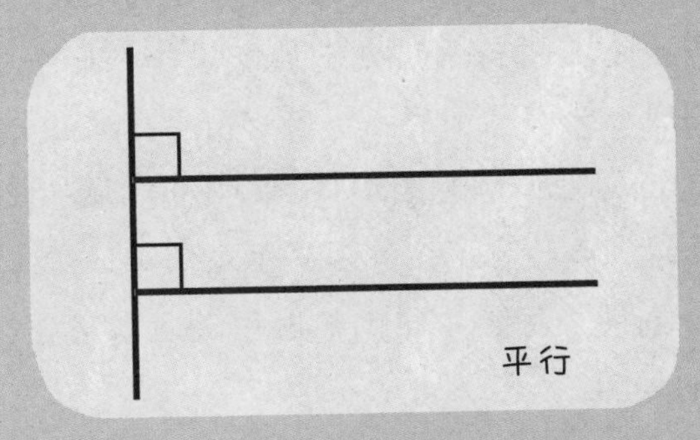

好奇心一刻

钟表里也有角吗？

我们在钟表里也可以找到角的存在。时针和分针之间形成的角，会随着时间的变化而变化。例如，每到3点和9点时，时针和分针就会形成直角，而到6点时，角的度数是180°。

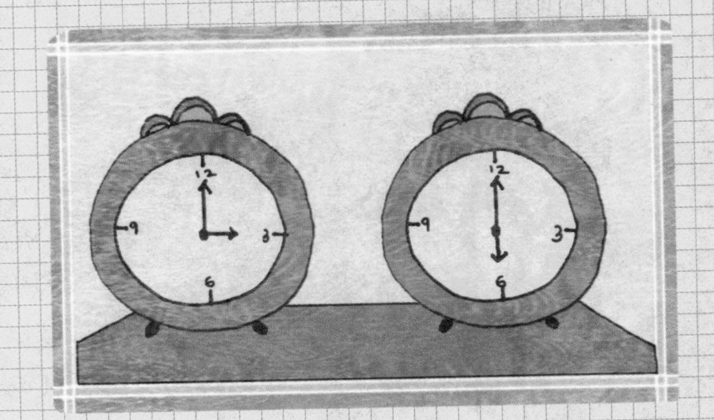

生活中的线、面、角

我们已经学习了关于图形的基本组成部分——线、面和角的知识。现在让我们一起来看看，在生活中还有哪些地方会有线、面和角。

盲文和盲道

盲文是专门给视觉障碍人士使用的文字。盲文是由许许多多突起的圆点组成的，能读懂盲文的人，只要摸一摸，就可以分辨出是什么字。盲道是为视觉障碍人士提供行路方便的道路设施，一般由两类砖块铺成。一类是条形引导砖，引导盲人放心前行，称为行进盲道；一类是带有圆点的提示砖，提示前面有障碍，该转弯了，称为提示盲道。日常生活中，我们应该保持盲道畅通，不占用、堵塞盲道，让盲人朋友放心出行。

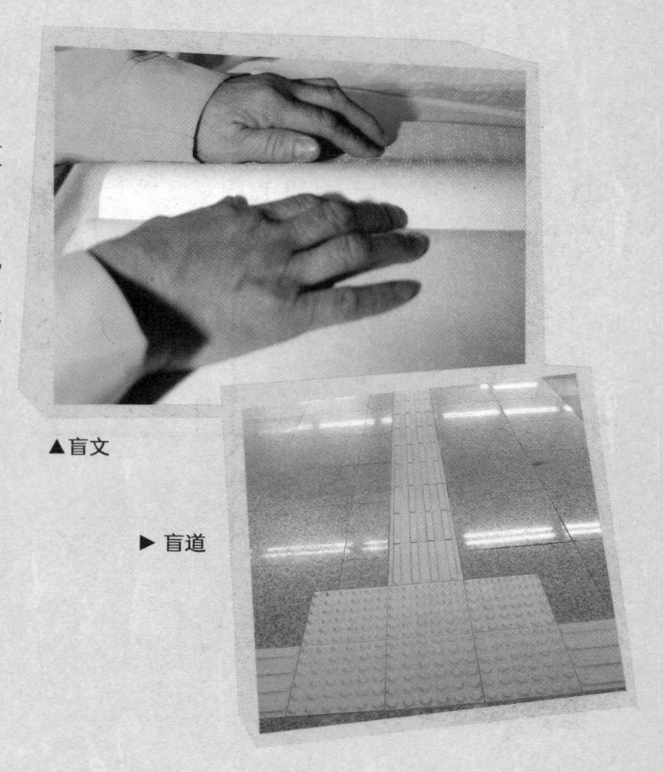
▲盲文

▶ 盲道

美术

线条的艺术

用线条来绘画，可以说是人类最古老，也是最简洁的绘图表现形式。线条不仅能表现所画物象的轮廓和形态，还能表达绘画者的感情。在中国的传统绘画中，线条作为一种独特的艺术语言，通过粗细、长短、浓淡等变化，勾勒出千变万化的艺术画面，展现了中国画特有的神韵与美感。

◀ 墨竹图

生活

扇子

扇子是非常常见的生活用品。过去的人们没有电扇、空调之类的家用电器，扇子是他们祛暑避热的重要工具。尤其是折扇，既可以折叠，也能展开，便于携带。折扇折叠起来的时候是一个长条形，展开之后的角度会随着手把部分角度的变化而变化，全部展开后，就变成一个半圆的模样了。

▲ 折扇

建筑

古建筑之美

中国传统宫殿大多有上翘的屋檐，像飞鸟展翅一般，轻盈活泼。这些屋檐不仅造形优美，还能起到夏季遮挡阳光、冬季保暖的作用。全国各地还保留着许多这样的古建筑，比如北京的故宫、颐和园，河北的承德避暑山庄等。

▲ 屋檐

▶ 故宫

趣味
小游戏
1

圣诞节礼物

下面是吉娜收到的圣诞礼物。其中，妈妈送的礼物是由几条线段围起来的。请你仔细观察，先找出图中的线段，再圈出妈妈送给吉娜的礼物。

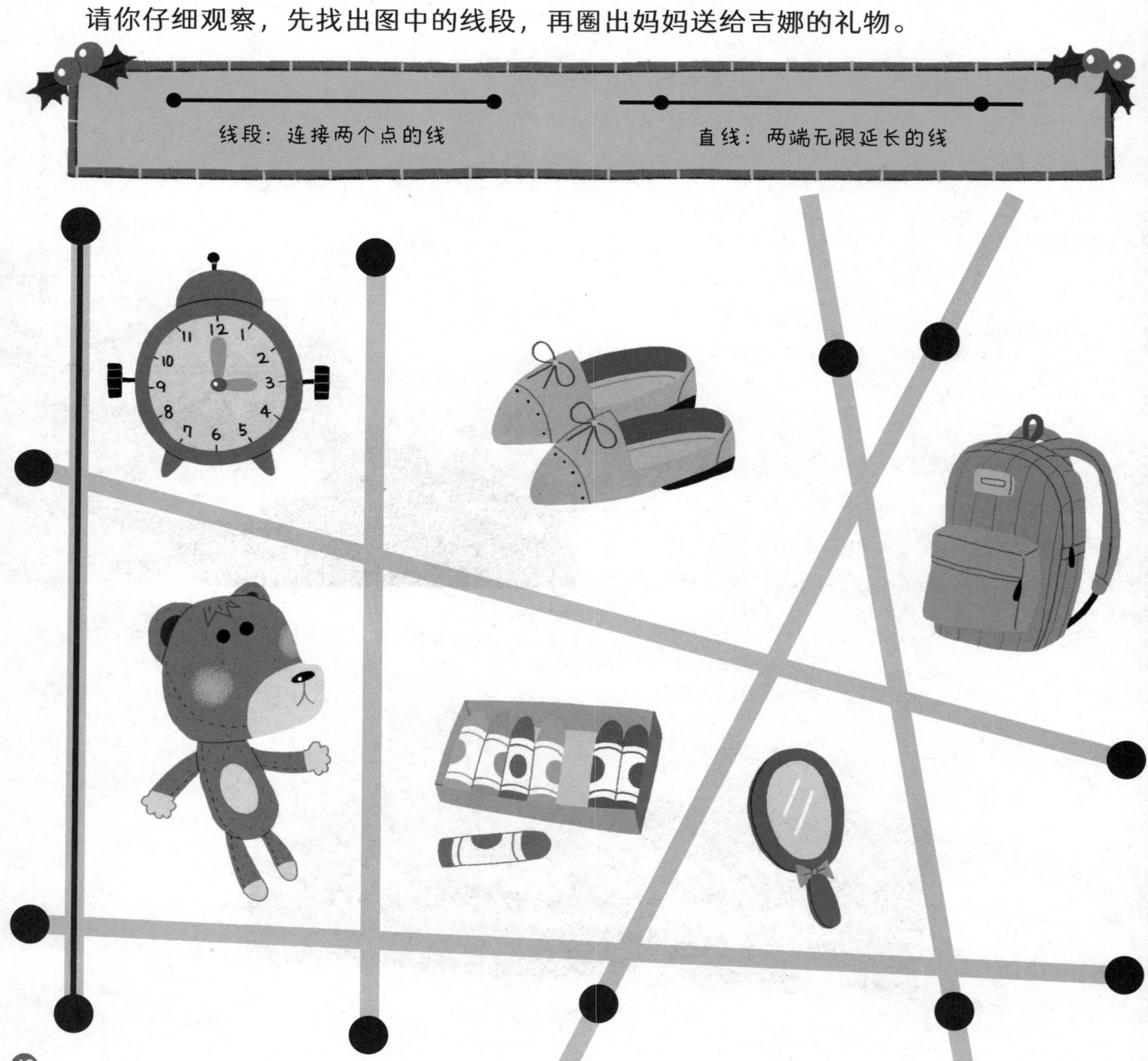
线段：连接两个点的线
直线：两端无限延长的线

把星星连起来

吉娜从一颗星星出发，画了两条射线，连接了另外两颗星星，于是这三颗星星构成了一个角。先读一读吉娜妈妈说的示例，再看看最下方的 4 个描述，哪些与吉娜画的角相符？正确的画√，错误的画 ×。

B
A
C
这个角可以叫作“角 BAC”，
也可以叫作“角 CAB”。其中
点 A 叫作“顶点”。射线 AB
和射线 AC 叫作“边”。

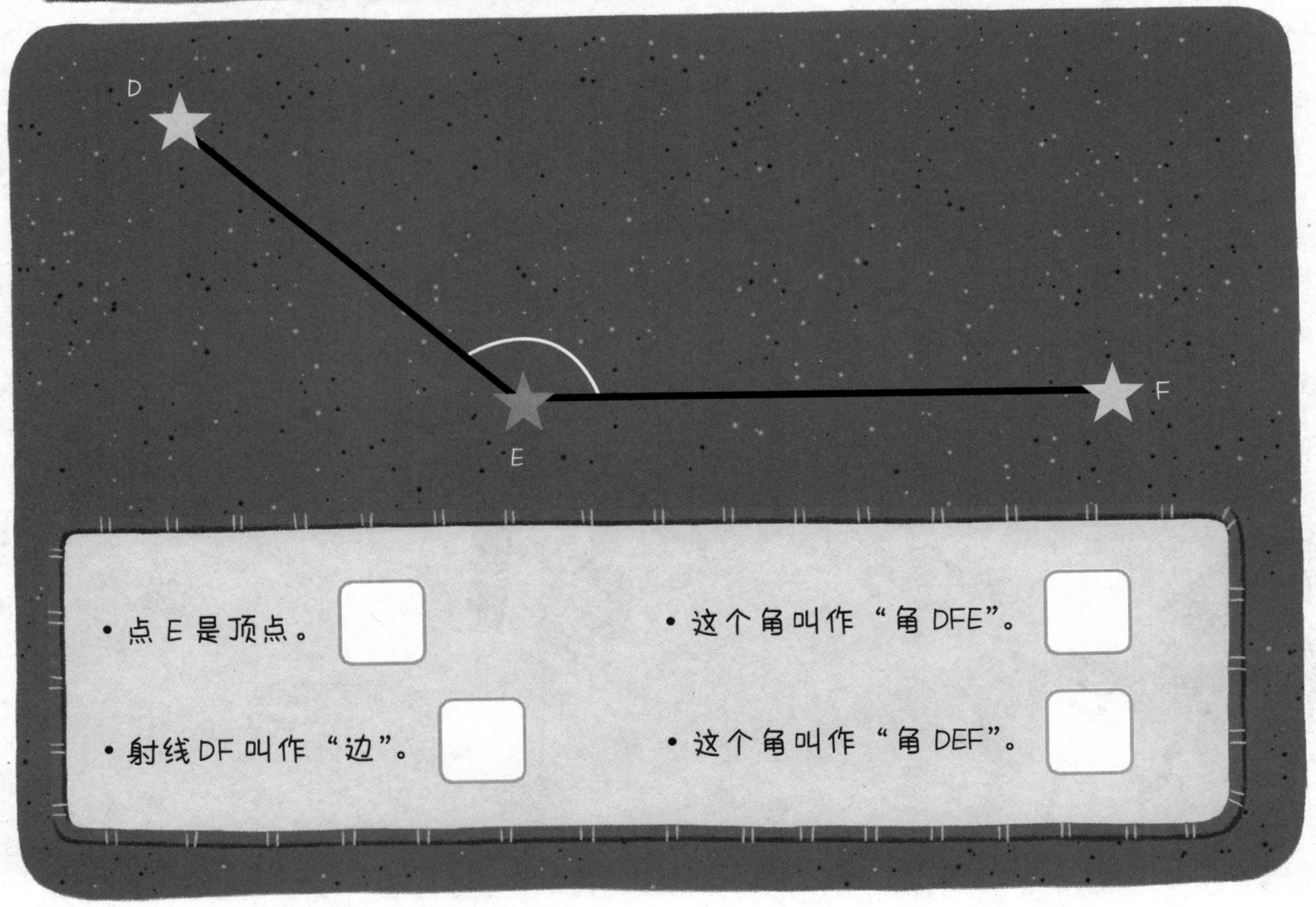

- 点 E 是顶点。 ☐
- 这个角叫作“角 DFE”。 ☐
- 射线 DF 叫作“边”。 ☐
- 这个角叫作“角 DEF”。 ☐

去吉娜家

圣诞老人要去给吉娜送礼物，沿着呈直角的路走就能到吉娜家了。请你画出通往吉娜家的路线吧！

到达

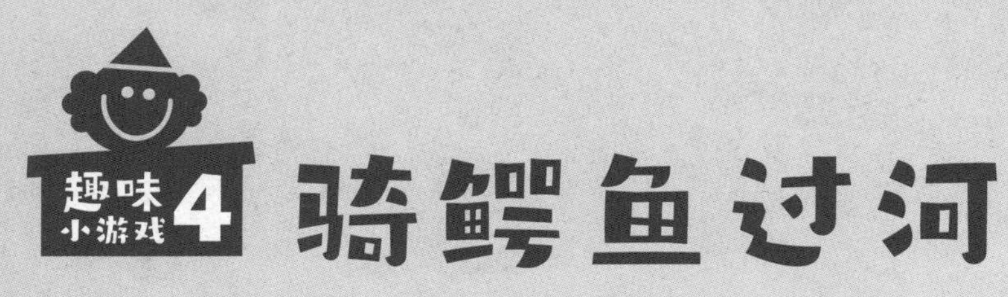

骑鳄鱼过河

只要骑上嘴巴张开 30° 的鳄鱼，就能安全过河。请你根据量角器估算一下每只鳄鱼嘴巴张开的度数。然后，在可以乘坐的那只鳄鱼旁的▢内打√。

给大白熊的礼物

趣味小游戏5

吉娜想送给大白熊一块特别的饼干。这块饼干所有的对角线交错在一起就能得到星星的图案。请你画出下面每一块饼干的对角线，然后找出对角线是星星图案的那块饼干，把它和大白熊用线连起来吧。

连接两个不相邻的顶点的线段叫作“对角线”。

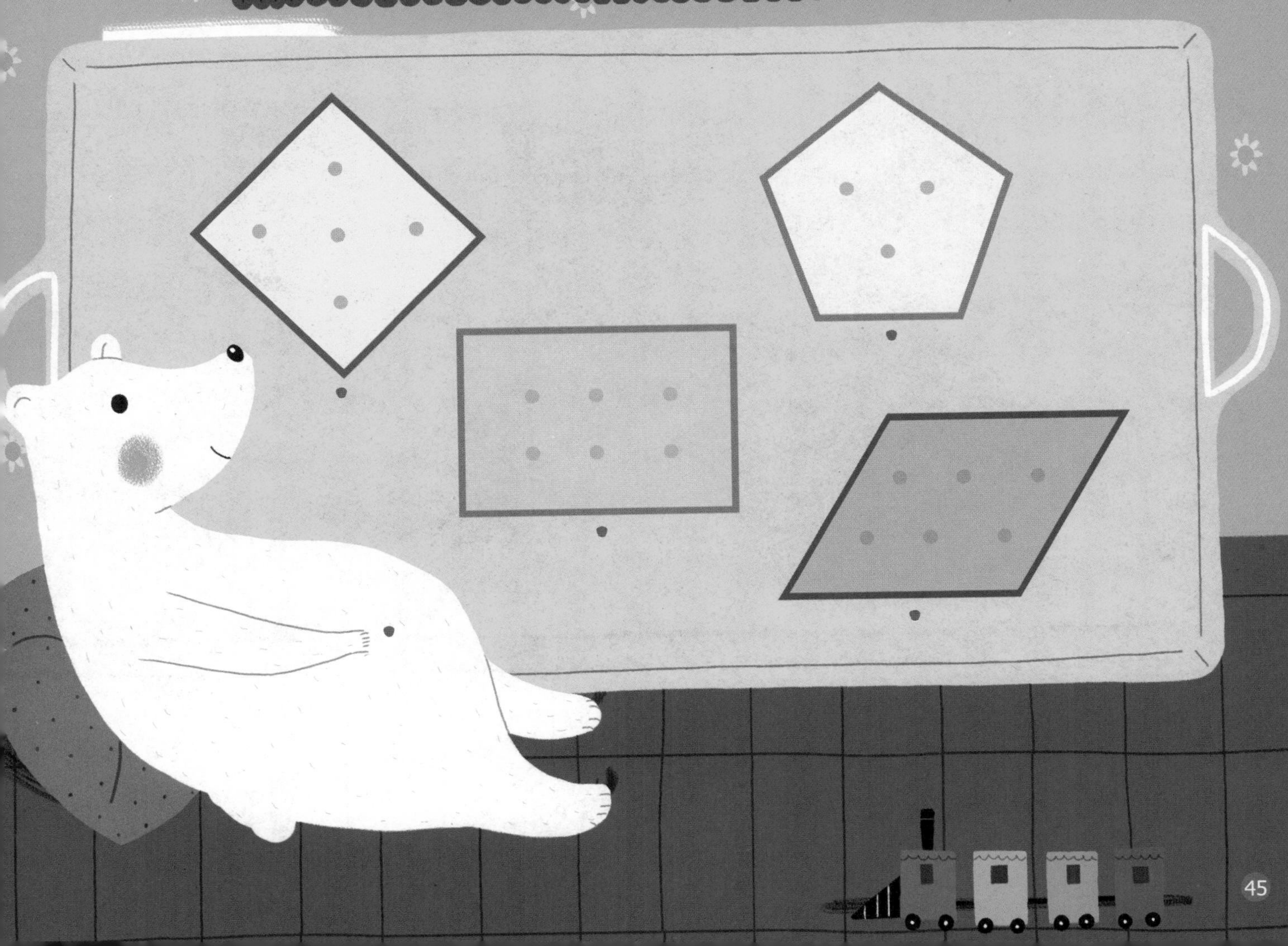

吉娜的花被子

大白熊在吉娜的被子上缝了几块漂亮的多边形花布。但是每个多边形都少了一块。请你仔细观察最下方的图片，找到每块花布缺失的部分，沿黑色实线剪下来后贴在相应的位置上。

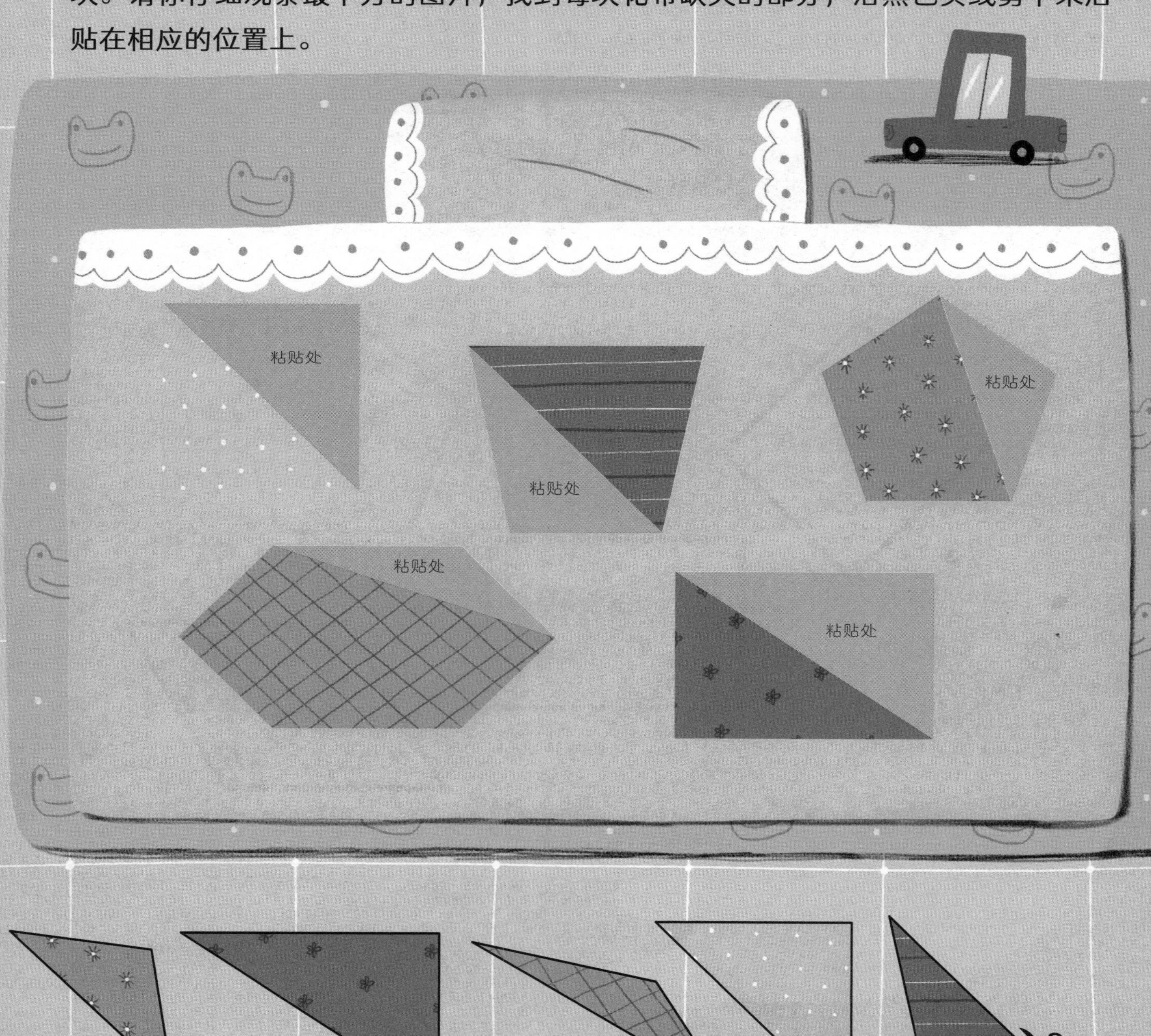

参观民俗村

阿虎和小兔一起去民俗村参观，在那里它们看到了很多瓦房。请你仔细观察瓦房的特点，参照示例，写写瓦房的门有什么特点。

示例 曲线和面

瓦房的屋顶是一种生动展示了曲线柔和美的传统屋顶。它由一块块瓦片连接成一个平面。

示例 线段和直角

门

参考答案

40~41 页

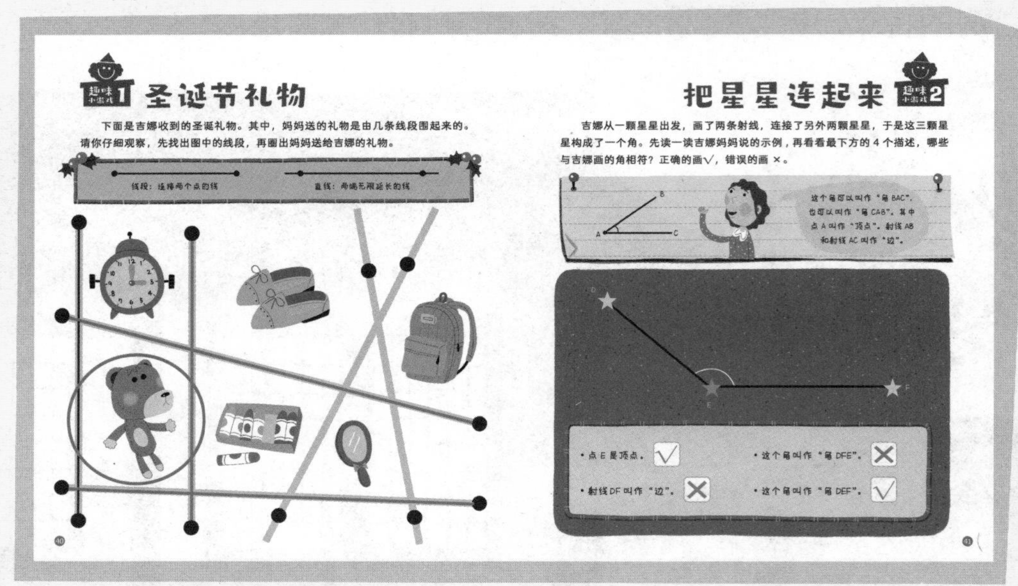
趣味小游戏1 圣诞节礼物

下面是吉娜收到的圣诞礼物。其中，妈妈送的礼物是由几条线段围起来的。请你仔细观察，先找出图中的线段，再圈出妈妈送给吉娜的礼物。

把星星连起来 趣味小游戏2

吉娜从一颗星星出发，画了两条射线，连接了另外两颗星星，于是这三颗星星构成了一个角。先读一读吉娜妈妈说的示例，再看看最下方的 4 个描述，哪些与吉娜画的角相符？正确的画√，错误的画 ×。

42~43 页

趣味小游戏3 去吉娜家

圣诞老人要去给吉娜送礼物，沿着呈直角的路走就能到吉娜家了。请你画出通往吉娜家的路线吧！